Jan Sauer

Praktikumsauswertung zur Positronen-Emissions-Tomographie

GRIN Verlag

Bibliografische Information der Deutschen Nationalbibliothek:

Die Deutsche Bibliothek verzeichnet diese Publikation in der Deutschen National-
bibliografie; detaillierte bibliografische Daten sind im Internet über http://dnb.d-
nb.de/ abrufbar.

Impressum:

Copyright © 2008 GRIN Verlag GmbH
Druck und Bindung: Books on Demand GmbH, Norderstedt Germany
ISBN: 978-3-640-93497-3

Dieses Buch bei GRIN:

http://www.grin.com/de/e-book/173293/praktikumsauswertung-zur-positronen-
emissions-tomographie

PHYSIKALISCHES PRAKTIKUM FÜR FORTGESCHRITTENE
TECHNISCHE UNIVERSITÄT DARMSTADT

Positronen-Emissions-Tomographie (PET)

Abteilung C: Kernphysik

Jan Sauer

28.04.2008

Vorbereitung

Ziel des Versuchs war es, Gammastrahlung nachzuweisen, die durch Positron-Elektron-Vernichtung erzeugt wird. Positronen sind positiv geladene Teilchen, die beim β^+-Zerfall entstehen. Dabei zerfällt ein Proton in ein Neutron, ein Positron und ein Elektronneutrino. Das Positron wechselwirkt aber wieder sehr schnell mit einem Elektron, wodurch die beiden vernichtet werden und zwei Gammaquanten ausgestrahlt werden. Das Positron wird vor der Vernichtung stark abgebremst, weshalb sowohl Elektron als auch Positron als annähernd ruhende Teilchen gesehen werden können. Die beiden Gammaquanten haben dementsprechend eine Energie von ca. 511 keV und fliegen in entgegengesetzter Richtung.

Diese Gammaquanten werden nun an zwei Detektoren registriert. Über einen geeigneten Aufbau wird ein Ereignis nur dann gezählt, wenn beide Detektoren gleichzeitig ein Gammaquant registrieren. Somit werden (im Idealfall) nur die Gammaquanten gezählt, die bei der Positron-Elektron-Vernichtung entstehen.

Detektor

Als Detektor verwenden wir ein sogenannten Szintillationskristall. Diese Kristalle eignen sich zum Nachweis von Gammaquanten, denn diese regen die Atome in den Kristallen an, was wiederum zur Emission von Gammaquanten führt, wenn die Atome wieder in ihren Grundzustand zurückkehren. Diese Gammaquanten werden an einer Photokathode registriert und lösen durch den photoelektrischen Effekt Elektronen ab. In einem Photomultiplier werden diese Elektronen beschleunigt und stoßen dabei auf mehrere Dynoden, wodurch mehrere Sekundärelektronen abgelöst werden. So entstehen ca. 10^7 Sekundärelektron pro Elektron. Diese verursachen dann einen messbaren Spannungsabfall.

Die Szintillationskristalle müssen dabei einige Eigenschaften erfüllen, je nach welche Messung erwünscht ist. Die Lichtausbeute (und damit die gemessene Spannung) ist ab einer gewissen Energie proportional zur deponierten Energie, weshalb sich diese Kristalle dazu eignen, ein Energiespektrum aufzunehmen. Dabei sollte die Energieauflösung so gut wie möglich sein. Das heißt, nahe bei einander liegende Energiewerte sollten immer noch unterschieden werden können. Gleichzeitig kann aber auch die Zählrate selber eine Rolle spielen. Der Kristall hat eine sogenannte Totzeit nach jedem Ereignis, in der keine weiteren Ereignisse gemessen werden können. Um möglichst wenige Ereignisse zu „verpassen" sollte diese Totzeit so kurz wie möglich sein.

PET in der Medizin

Das PET-Verfahren wird hauptsächlich in der Medizin verwendet. Hier wird ein sogenannter Tracer in den Körper eingeführt und beobachtet. Der Tracer ist ein radioaktiv markierter Stoff, der sich im Stoffwechsel einbauen lässt. Ein Atom dieses Tracers zerfällt unter Ausstrahlung eines Positrons, das sich durch die eben beschriebene Methode nachweisen lässt. Somit können Stoffwechselvorgänge beobachtet werden und die Konzentration des Tracers in verschiedenen Organen gemessen werden. Tumore und andere Störfaktoren können dadurch frühzeitig erkannt werden.

Dieser Tracer muss dementsprechend verschiedene Merkmale besitzen:

- Der Tracer muss sich in den Stoffwechsel einbauen lassen und darf diesen nicht stören (eine Ausnahme ist, wenn der Tracer gleichzeitig als Medikament verwendet wird und dessen Wirkung untersucht werden soll).
- Weder Tracer noch seine Tochternuklide dürfen toxisch sein und dem Patienten nicht schaden. Ebenso sollte die Zerfallskette kurz bleiben, damit der Körper nicht unnötig viel Strahlung ausgesetzt wird.
- Die Halbwertszeit des Tracers sollte so kurz wie möglich sein, um den Patienten nicht unnötig zu belasten. Gleichzeitig muss sie aber lang genug sein, um in den Stoffwechsel eingebaut zu werden und nicht schon vorher zu zerfallen.
- Aus diesem Grund muss der Tracer günstig sein und vor allem vor Ort herstellbar sein, da eine Lieferung aufgrund der relativ kurzen Halbwertszeit problematisch ist.

Versuchsaufbau

Für den ersten Teil der eigentlichen Messung haben wir das Energiespektrum von ^{22}Na gemessen. Dabei haben wir folgenden Aufbau verwendet:

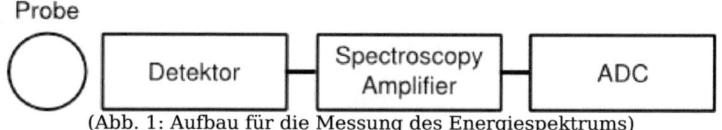

(Abb. 1: Aufbau für die Messung des Energiespektrums)

Der Detektor gibt das Signal, das zur abgestrahlten Energie der Probe proportional ist, an den Spectroscopy Amplifier weiter. Der hier verwendete Verstärker verstärkt das Signal proportional zum Eingangssignal um eine gute Energieauflösung zu erhalten. Der Analog-To-Digital Converter (ADC) verwandelt das analoge Eingangssignal in ein digitales Ausgangssignal, das an einen Computer weitergegeben wird, wo die aufgenommenen Werte von dem Programm WinTMCA verarbeitet und visuell dargestellt werden.

Bei dem zweiten Teil wollen wir sowohl die zeitliche als auch die örtliche Auflösung der Apparatur bestimmen. Hierfür verwenden wir folgenden Aufbau:

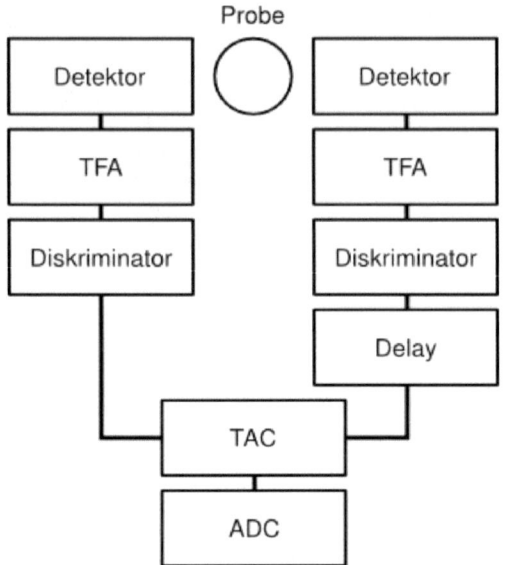

(Abb 2: Aufbau zur Messung der Zeit- und Ortsauflösung)

Hier verwenden wir zwei andere Verstärker, nämlich sogenannte Timing Filter Amplifiers. Diese sorgen nun nicht mehr für eine proportionale Verstärkung, sondern dafür, dass die Anstiegszeit der Signale möglichst kurz ist, damit der „Startpunkt" des Signals genauer definiert werden kann. Als nächstes werden die Signale in Constant Fraction Diskriminatoren (CFD) geschickt. Diese Diskriminatoren sorgen einerseits dafür, dass nur Signale, die eine bestimmte Schwelle überschreiten, weiterverarbeitet werden und andererseits sorgen sie dafür, dass die Signale „gleichzeitig" sind. Würde nur das Überschreiten einer bestimmten Schwelle berücksichtigt, so kann bei Signalen unterschiedlicher Höhe aber gleicher rise time ein „time walk" auftreten, so dass die Signale zu unterschiedlichen Zeiten registriert werden. Ein CFD verändert ein Signal so, dass es unabhängig von der Amplitude gemessen werden kann.

Da uns lediglich gleichzeitige Signale interessieren (es entstehen zwei Gammaquanten bei der Positronvernichtung) verwenden wird einen Time-to-Amplifier Converter. Dieser erhält ein Start- und ein Stopsignal und liefert dann einen Puls, dessen Höhe proportional zur Zeit zwischen den beiden Signalen ist. Da wir aber nicht wissen, welcher Detektor als erstes ein Signal erhält, müssen wir zwischen einem Diskriminator und dem TAC einen Delay schalten. Nun messen wir noch gleichzeitige Signale, haben aber eine deutliche (zwischen 0,5 und 63,5 ns) Zeitverzögerung zwischen den Signalen. Da die Totzeit von unserem Bismutgermanat 300 ns beträgt, verfälscht diese Zeitverzögerung nicht die Messung.

Das Signal wird dann wieder in einen ADC und daraufhin in einen Computer geschickt, wo es von WinTMCA verarbeitet wird.

Auswertung

Für den ersten Teil des Versuchs haben wir die Signale aus den verschiedenen Geräten am Oszilloskop betrachtet. Hierbei habe ich leider nicht darauf geachtet, die Signale genau abzuzeichnen, weshalb hier lediglich die qualitativen Verläufe zu sehen sind ohne die tatsächlichen Spannungen und Zeiten. Bei den Detektor- und Verstärkersignalen waren jeweils zwei ausgezeichnete Linien zu sehen. Eine Linie entsprach den 511 keV der Positronvernichtung, die andere entsprach den 1275 keV, die das Neon (in das ^{22}Na zerfällt) abgibt, wenn es aus seinem angeregten in den Grundzustand übergeht.

Energiespektrum

Für den zweiten Teil haben wir das Energiespektrum von ^{22}Na aufgenommen.

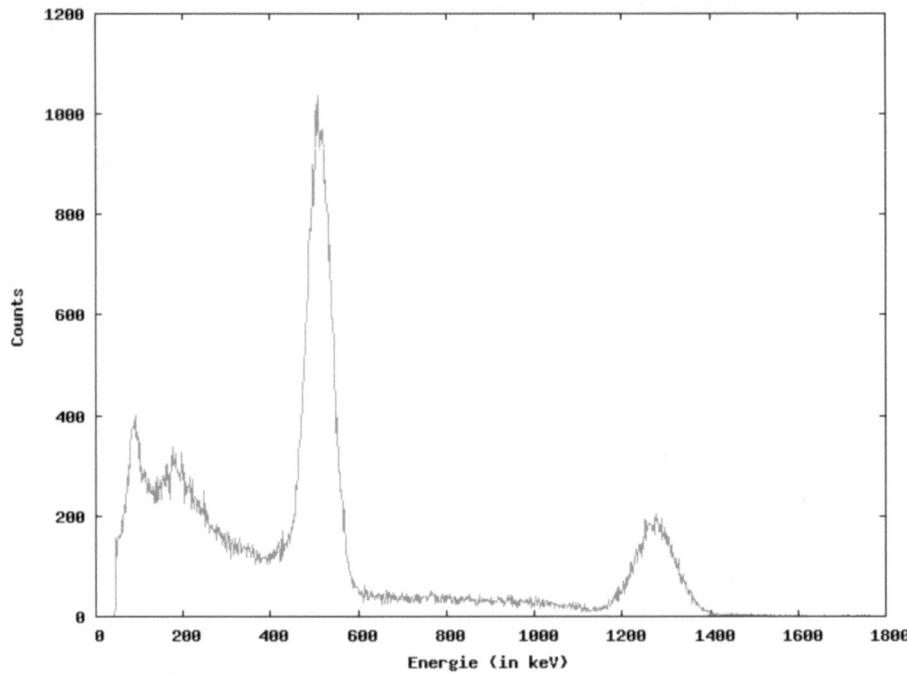

(Abb 4. Aufgenommenes Energiespektrum von Natrium-22)

Es sind zwei deutliche Peaks zu sehen. Wie bereits erwähnt werden beim β^+-Zerfall von ^{22}Na Gammaquanten mit zwei Energien ausgestrahlt. ^{22}Na zerfällt in den 2+ Zustand von ^{22}Ne. Beim Übergang in den Grundzustand wird ein Gammaquant mit der Energie 1274 keV ausgestrahlt. Dies entspricht dem zweiten, kleineren Peak. Der erste Peak entspricht den beiden Gammaquanten mit 511 keV bei der Positronvernichtung. Bei beiden Peaks wird die Energie des Photons vollständig durch den Photoeffekt übertragen. Es ist aber zu sehen, dass diese Peaks nicht die beiden einzigen gemessenen Energiewerte sind. Dies liegt an der Art, wie Gammaquanten mit Materie wechselwirken. Sie können sowohl durch den Photoeffekt ihre gesamte Energie an ein Atom weiter geben, was bei den Peaks der Fall ist. Sie können aber ebenso ein Elektron anstoßen und nur ein Teil der Energie abgeben (Compton-Effekt). Der Energie- und Impulsübertrag ist dabei abhängig von dem Winkel zwischen eintreffendem und gestreutem Gammaquant.

Eine Energieeichung führt zur Eichfunktion

$$E(K) = 1{,}7218 \, \frac{\text{MeV}}{\text{Kanal}} \cdot K + 7{,}4656 \, \text{MeV}$$

Es ist eine deutliche Comptonkante vor dem ersten Peak zu sehen, obwohl diese nicht so abrupt abfällt, wie es die Theorie vorhersagt. Vor dem zweiten Peak ist auch eine kleine Comptonkante zu sehen, jedoch ist diese nicht annähernd so gut ausgeprägt, wie die erste. In logarithmischer Darstellung ist sie etwas leichter zu erkennen. Man sieht, dass bei ungefähr Kanal 650 die Anzahl der Counts etwas zurückgeht.

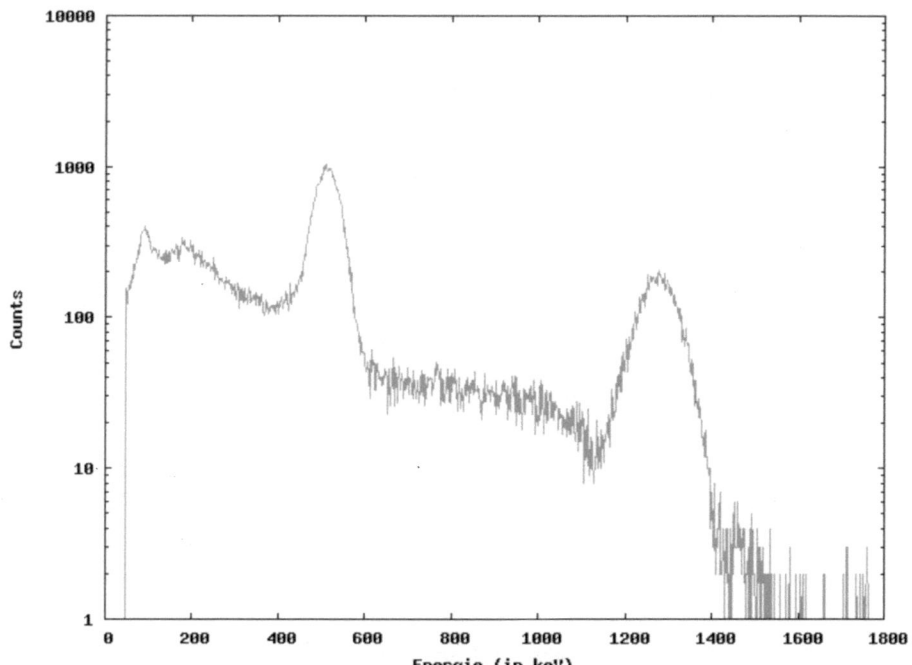

(Abb. 5: Logarithmische Darstellung des Energiespektrums von Natrium-22)

Zeitliche Auflösung

Zur Bestimmung der zeitlichen Auflösung haben wir das Stopsignal des TAC um verschiedene Zeiten verzögert. Da sehr kurze Zeiten nicht vollständig erfasst wurden haben wir zwei Delayzeiten untersucht: 66 ns und 34 ns. Eine Eichung der Achse ergab folgende Fitfunktion:

$$t(K) = 0{,}099\,\frac{ns}{Kanal} \cdot K + 14{,}8649\ ns$$

Dabei entspricht der Peak im Kanal 183,76 einem Delay von 34 ns und der Peak im Kanal 516,9 einem Delay von 66 ns.

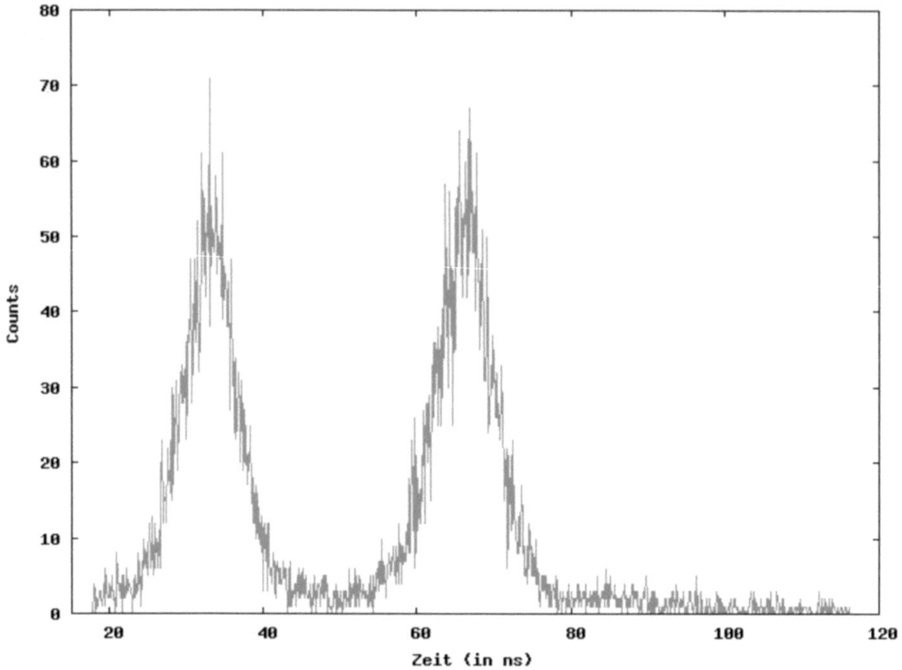

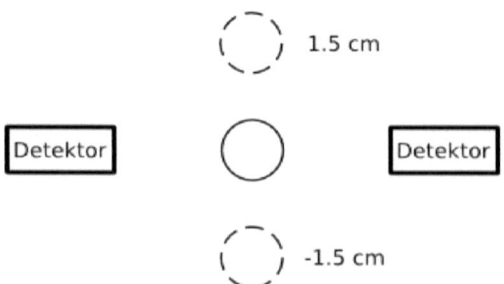

(Abb. 6: Zeitliche Auflösung der Messapparatur)

Ortsauflösung

Als zweite Messung zur Bestimmung der Eigenschaften des Aufbaus haben wir die Ortsauflösung bestimmt. Hierzu haben wir den Wagen mit der Probe zwischen -1,5 cm und 1,5 cm um den Mittelpunkt verschoben und die gemessenen Counts notiert. Dabei haben wir die resultierende Kurve der Messwerte integriert um die Gesamtanzahl der Counts zu erhalten.

(Abb 7. Schematische Darstellung zur Bestimmung der Ortsauflösung; Die Probe wird zwischen den beiden Extrema in 0,1 cm bzw. 0,2 cm Schritten verschoben)

Wir haben sowohl Netto- als auch die sog. „Untergrundcounts" notiert. Der Untergrund besteht aus zufällig koinzidenten Messungen, die aber nicht von einer Positronvernichtung stammen und somit für die Auswertung uninteressant sind. Das Programm WinTMCA hat diese Counts per Fit ermittelt und von den Gesamtanzahl der Counts abgezogen. Übrig bleiben die eben genannten „Nettocounts". Es ergibt sich folgendes Schaubild:

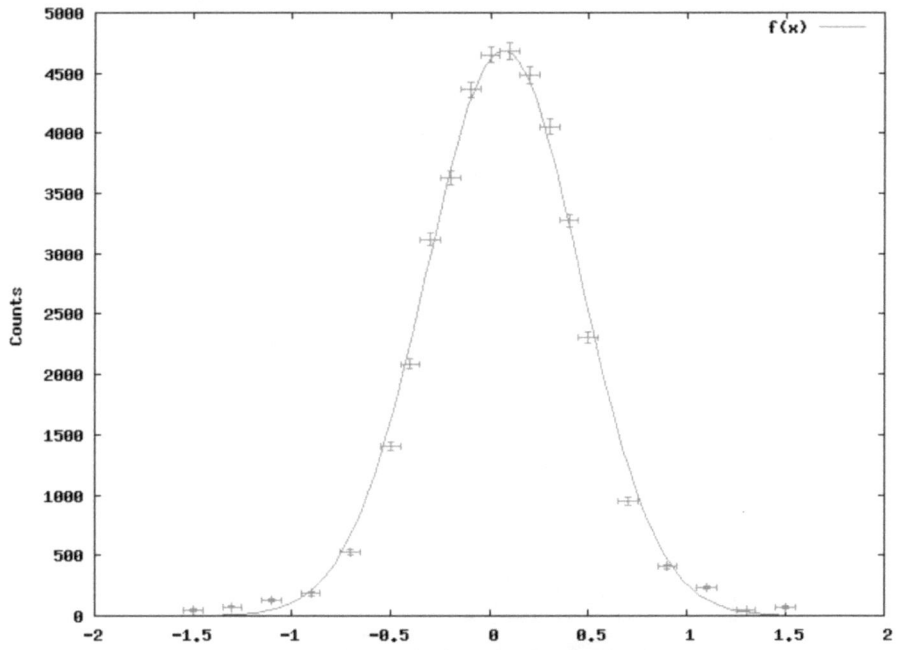

(Abb. 8: Messpunkte zur Ortsauflösung; Counts in Abhängigkeit von der Abweichung der Probe vom Mittelpunkt)

Dabei entsprechen die Punkte den Messwerten und die Funktion f(x) der entsprechenden Gaußkurve:

$$f(x) = \frac{N_0}{\sigma \sqrt{(2\pi)}} \cdot e^{\frac{-1}{2}\left(\frac{x-\mu}{\sigma}\right)^2}$$

$N_0 = 4556{,}39 \pm 47{,}56$
$\sigma = 0{,}3878 \pm 0{,}004$
$\mu = 0{,}0677 \pm 0{,}0062$

Als Ortsauflösung nehmen wir die Halbwertsbreite (FWHM), die für eine Gaußverteilung folgende Form hat:

$$\Delta x = 2 \cdot \sqrt{(2\ln(2))} \cdot \sigma = 2{,}355 \cdot \sigma = 0{,}9132 \pm 0{,}0094$$

Schatztruhe

Für den letzten Teil des Versuchs sollten wir den Aufenthaltsort zweier β^+-Strahler in einer verschlossenen Kiste ermitteln. Diese Kiste bestand aus 10x10 getrennten „Kabinen" in denen sich die Proben befinden konnten. Die (quadratische) Truhe hatte eine Kantenlänge von 12 cm, also waren die Kammern 1,2 cm breit. Wir haben die Truhe so verschoben, dass wir jeweils die Mitte einer Kammer gemessen haben. Wir haben die Truhe erst in „y-Richtung" verschoben (also die Counts für die Reihen ermittelt), dann um 90° gedreht und in „x-Richtung" verschoben (also die Counts für die Spalten ermittelt). Um diese Messwerte nun auszurechnen, werden sie zu einer Matrix zusammen gerechnet, indem die jeweiligen Werte multipliziert werden, so dass jeder Kammer einem Produkt aus x- und y-Messung zugeordnet werden kann. Somit können wir die möglichen Aufenthaltsorte bestimmen, da bei diesen offensichtlich ein Maximum vorliegen wird. Die Messdauer betrug 2 Minuten.

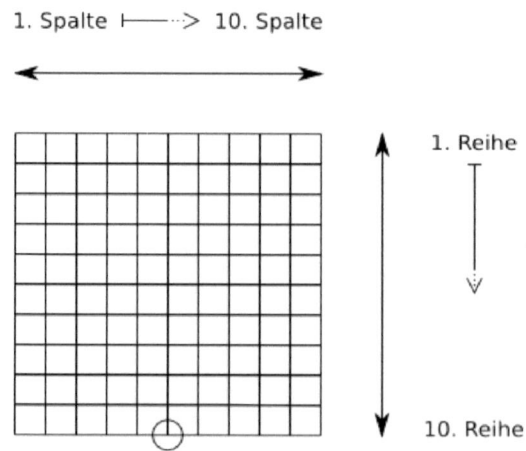

(Abb. 9: Schematische Zeichnung zur Messung an der Schatztruhe mit 100 Kammern)

Reihen \ Spalten	76	2136	141	28	92	4752	115	19	46	52
34	2584	72624	4794	952	3128	161568	3910	646	1564	1768
68	5168	145248	9588	1904	6256	323136	7820	1292	3128	3536
1781	135356	3804216	251121	49868	163852	8463312	204815	33839	81926	92612
105	7980	224280	14805	2940	9660	498960	12075	1995	4830	5460
38	2888	81168	5358	1064	3496	180576	4370	722	1748	1976
63	4788	134568	8883	1764	5796	299376	7245	1197	2898	3276
4313	327788	9212568	608133	120764	396796	20495376	495995	81947	198398	224276
75	5700	160200	10575	2100	6900	356400	8625	1425	3450	3900
59	4484	126024	8319	1652	5428	280368	6785	1121	2714	3068
10	760	21360	1410	280	920	47520	1150	190	460	520

(Abb. 10: Matrix aus der Multiplikation entsprechender Reihen und Spalten; die Matrix entspricht der Schatztruhe, also ist der Matrixeintrag in der n-ten Reihe und m-ten Spalte der Wert für die Kammer in der n-ten Reihe und m-ten Spalte)

Aus den Einträgen können wir bestätigen, dass es in der Tat zwei Proben waren, die wir beobachtet hatten. Die Proben befinden sich offensichtlich bei den Maxima der Matrixeinträge. Da unsere Ortsauflösung kleiner ist als der Mindestabstand zweier Proben können wir auch davon ausgehen, dass ein Maximum auch tatsächlich einer Probe entspricht und nicht, beispielsweise, zwei nebeneinander liegenden Proben.

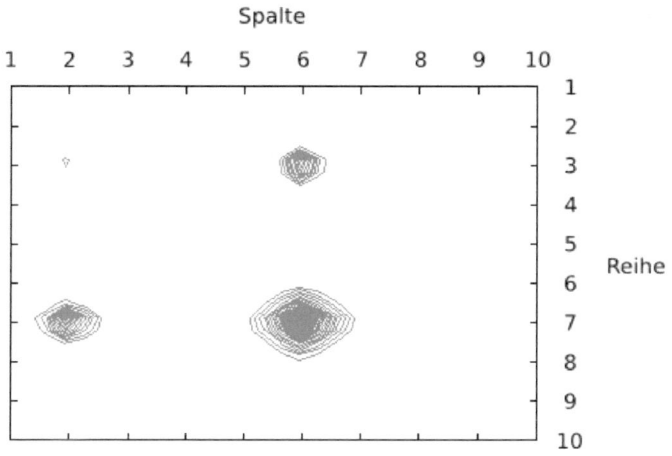

(Abb. 11: Höhenlinien der Matrixelemente)

In Abb. 11 dargestellt sind die Höhenlinien der Messwerte (mit linearer Interpolation zwischen zwei Messwerten, da es keine wirklichen Höhenlinien gibt) ab einem willkürlich gewähltem Schwellenwert um die Maxima zu zeigen. Hier sehen wir, dass es ein potentielles Problem gibt: es gibt 4 mögliche Orte aber nur zwei Proben im Behälter. Um dieses Problem zu lösen, benötigen wir eine weitere Messung, nämlich eine diagonale. Da wir 4 verschiedene Reihen bzw. Spalten mit einer deutlich über dem Untergrund liegenden Anzahl von Counts aber nur zwei Proben haben wissen wir, dass die Proben weder in der gleichen Reihe noch in der gleichen Spalte liegen dürfen. Wäre dies der Fall, hätten wir in der anderen Reihe bzw. Spalte keine ausgeprägte Aktivität messen dürfen. Also liegen die Proben diagonal zueinander.

Drehen wir nun den Behälter, so dass wir eine Diagonale statt einer Reihe bzw. Spalte messen, so haben wir die Möglichkeit, einen potentiellen Punkt zu isolieren. Messen wir nun in dieser Diagonalen keine ausgeprägte Aktivität, so kann an diesem Punkt offensichtlich keine Probe liegen und die beiden Proben liegen auf der anderen Diagonalen. Messen wir eine ausgeprägte Aktivität, so kennen wir einen Punkt an dem eine Probe liegt und können somit auch den Aufenthaltsort der anderen Probe bestimmen. Wir haben die Probe so gedreht, dass wir das Kästchen in der 3. Reihe und 2. Spalte isoliert haben. Es ergaben sich 1210 Counts, also deutlich mehr als der Untergrund. Daraus schließen wir, dass sich die Proben bei (Reihe 3, Spalte 2) und (Reihe 7, Spalte 6) befinden.

Es gibt auch eine zweite Möglichkeit, die Proben zu orten, zumindest in unserem Fall. Da offensichtlich zwei unterschiedliche Aktivitäten sowohl bei der Messung der Reihen als auch der Spalten gemessen wurden (einmal ca. 2000 Counts in 2 Minuten und einmal ca. 4500 Counts in 2 Minuten) ist es naheliegend anzunehmen, dass beide hohe Aktivitäten der einer Probe und die beiden niedrigeren Aktivitäten der anderen Probe zuzuordnen sind. Dies stimmt mit unserer voriger Ermittlung überein. Jedoch ist die erste Methode systematischer und vor allem bei mehreren Proben (oder Proben mit annähernd identischer Aktivität, wie sie in dem eigentlichen PET-Verfahren vorzufinden sind) geeigneter.

Die relative Aktivität der beiden Quellen ergibt sich aus der Wurzel der jeweiligen Matrixeinträge. Wir nehmen die Wurzel, da sich die Matrixelemente aus der Multiplikation von zwei Werten ergibt, die im Idealfall identisch sein sollten und die tatsächliche Aktivität der Quelle angeben. Sei die Aktivität der stärkeren Quelle A_0, dann ist die Aktivität der schwächeren Quelle:

$$A_{schwach} = \sqrt{\frac{3804216}{20495376}} \cdot A_0 = 0{,}43 \cdot A_0$$

Literaturangaben:

Datenblatt zu BGO:
http://www.hilger-crystals.co.uk/properties.asp?material=1
Literaturmappe zum Versuch 2.8-B aus der Kernphysikalischen Bibliothek